谷子轻简化高产高效栽培技术

王玉华　贾凤松　主编

中国农业科学技术出版社

图书在版编目（CIP）数据

谷子轻简化高产高效栽培技术 / 王玉华，贾凤松主编. —北京：中国农业科学技术出版社，2020. 5

ISBN 978-7-5116-4683-5

Ⅰ. ①谷… Ⅱ. ①王… ②贾… Ⅲ. ①谷子—栽培技术—图谱 Ⅳ. ①S515-64

中国版本图书馆 CIP 数据核字（2020）第 058650 号

责任编辑 白姗姗
责任校对 贾海霞

出 版 者 中国农业科学技术出版社
北京市中关村南大街12号 邮编：100081
电 话 （010）82106638（编辑室）（010）82109702（发行部）
（010）82109709（读者服务部）
传 真 （010）82106650
网 址 http: // www.castp.cn
经 销 者 各地新华书店
印 刷 者 北京富泰印刷有限责任公司
开 本 880mm×1 230mm 1/32
印 张 3
字 数 55千字
版 次 2020年5月第1版 2020年5月第1次印刷
定 价 36.80元

《谷子轻简化高产高效栽培技术》

编委会

前　言

随着人民生活水平的提高，谷子的市场需求量越来越大，这就需要巩固提升谷子生产能力，实现谷子高质量发展。探索谷子大面积高产稳产主要途径和高产栽培措施，改变谷子低产、间苗难的现象，是谷子种植区农业生产中的重大课题。为了解决这一难题，引进二坡地谷子覆膜节水滴灌栽培技术和旱地覆膜集成技术，是谷子耕作栽培技术的重大变革，是一项投入高、产出高的实用农业新技术，较好地解决了旱地谷子春旱难抓苗和伏旱少雨等难题，扩大了谷子品种的适种范围，可以大幅度提高谷子产量水平，提高有限降雨的利用效率。

本书适合作为农民培训用书，也适合相同相似气候条件的地区参考。该书特点是集科普性、实用性于一体，图文并茂。

由于编者水平所限，书中难免存在不当之处，恳切希望广大读者和同行不吝指正。

编　者

2020年4月

目 录

第一章 概 述

谷子（*Setaria italica*）为禾本科狗尾草属植物，种子脱壳后称为小米。谷子是世界上最古老的栽培农作物之一，起源于中国北方地区，具有耐旱、耐贫瘠、适应性强、易储藏等特点，被古人誉为“五谷之长”。小米的营养价值比较高，是我国北方地区人们喜爱的粮食种类之一。

第一节　谷子在国民经济中的地位

一、重要地位

谷子属抗旱作物，耐瘠薄、抗逆性强、适应性广、水利用效率高，是很好的抗旱作物。谷子防热、防虫、不易霉变，可长期保存，是重要的贮备粮食。谷子是我国北方地区主要粮食作物之一。在北方旱粮作物中仅次于小麦、玉米，居第3位，是调剂城乡人民生活不可缺少的作物，在生产中占有重要地位。

在适宜温度下，谷子吸收本身重量26%的水分即可发芽，而同为禾本科作物高粱需要40%、玉米48%、小麦45%。此外，每生产1g干物质，谷子需水257g，玉米需水369g、小麦需水510g，而水稻需水更高。谷子适应性广、稳产性强，化肥农药用量少，是典型的环境友好型作物。

我国干旱区土地面积占国土面积的1/3，非洲干旱半干旱土地面积占陆地面积的43.7%。我国是世界上唯一对谷子进行系统研究的国家，如果把谷子种植推广到世界上干旱半干旱区域，有望解决世界和中国日趋严峻的粮食问题。

二、营养价值

谷子，即粟，脱壳后为小米。小米被称为医食同源的重要食物。

1.营养全面

谷子脱壳后称小米，小米营养价值高，味美好吃，易消化，深受人民喜爱。据中国农业科学院研究分析，小米含蛋白质7.5%～17.5%，平均11.7%，脂肪3%～4.6%，平均4.5%，碳水化合物72.8%，还含有人体所必需的氨基酸和钙、磷、铁及维生素A、维生素B_1、胡萝卜素等。每百克小米可产生热量1 516kJ，比大米、小麦面粉、高粱、玉米都高。此外，还含有大量的人体所必需的氨基酸（每百克小米含蛋氨酸297mg，色氨酸194mg，赖氨酸334mg，苏氨酸463mg）和钙、磷、铁、胡萝卜素等。对某些化学致癌物质有抵抗作用的维生素E（5.59～2.36mg/100g小米）、硒（富硒小米中硒元素含量为200μg/kg）的含量也很高。同时，对动脉硬化、心脏病有医疗作用的维生素B_1的含量更为突出，每百克小米含0.66～1.03mg。小米是一种很好的营养品，体弱多病和产妇食用具有较好的滋补、强身作用。小米除焖饭、煮粥等直接食用外，还可加工煎饼、发糕、小米酥系列产品，如高蛋白酥卷、保健酥卷、强化酥卷等，还可做

成营养调味食品，如高级米醋、米酒饮料、冰激凌以及酿酒、制糖等。谷粒、谷糠、谷芽入药后主治多种病。谷草营养价值高，含粗蛋白质3.16%，粗脂肪1.35%，无氮浸出物44.3%，钙0.32%，磷0.14%，高于其他禾本科牧草，接近豆科牧草，品质优良，适口性强，耐贮藏，经久不变，是大牲畜的优质饲料。谷糠既能酿酒做醋，又是家禽的好饲料，且能提炼谷浆油、糠醛等。

2.营养均衡

人类摄入的各种营养元素只有控制在一个合理的范围才能保证机体正常运行，摄入过多和过少都不利于身体健康，容易导致各种疾病的发生。而小米提供给人体所需的几十种营养元素的含量相对稳定，不存在明显的某种营养物质含量极高和极度缺乏现象。依据中国营养学会推荐的营养元素日摄入量标准，对几种粮食作物的营养均衡性进行评价，其结果为：小米>小麦>稻米>玉米，所以小米更是一种营养均衡的粮食作物。

3.营养构成合理、消化吸收率高

小米中蛋白质消化率为83.4%，含有人体所需的8种必需氨基酸，根据FAO/WHO推荐的必需氨基酸指数比较，小米的必需氨基酸组成比稻米、小麦、玉米、高粱和莜麦都好。小米脂肪为优质脂肪，消化率为90.8%，以不饱和脂肪酸为主（高达85.54%），而且必需脂肪酸含量达到70%左右，对防止动脉硬化、减少心脑血管疾病、降血压和抗癌具有重要作用。小米中的碳水化合物主要为淀粉（约70%），在体内酶的作用下被转化为葡萄糖和能量以供机体利用，其消化率为99.4%。

4.保健功能

谷子中富含已知对人体健康有益的功能成分：膳食纤维、抗性淀粉、植酸、酚类和维生素E等，对预防和治疗慢性代谢性疾病和抗氧化等具有重要作用。

辽宁省朝阳地区独特的自然条件，非常适合谷子生长。朝阳小米米质优，口感好，营养丰富。据辽宁省农业科学院测定，朝阳小米含淀粉57.55%，蛋白质10.12%，脂肪4.22%（均高于大米、白面），比普通小米高1%～2.5%；可溶性糖类的含量达1.6%，人体必需的8种氨基酸含量丰富且比例协调。如赖氨酸0.22%～5.24%，蛋氨酸0.4%，色氨酸0.25%，亮氨酸1.87%，苏氨酸、异亮氨酸及缬氨酸等含量在0.42%～2.88%。维生素的含量亦较丰富，而粗纤维的含量又是几种主要粮食作物中最低的。

第二节　谷子起源与分类

一、起　源

国际公认谷子起源于我国，是我国古老的栽培作物之一。据对西安半坡遗址、磁山遗址、裴李岗遗址等出土的大量炭化谷子考证，谷子在我国有5 000～8 000年的栽培历史。早在七八千年以前，中国已经培育出粟品种，在中原和华北的广大地区推广和种植。自商代直到秦汉，粟都被列为五谷之首，是广大人民的主要食粮。据历史资料记载，在隋唐期间谷子经朝鲜传入日本，元、明代开始传播到西伯利亚、欧洲及世界各地。又据谷子野生种遗传多样性研究结果表明，谷子遗传基因分为中国和欧洲两个基因库，认为这两个基因库有独立化的可能性，为谷子的起源与演化充实了论据。狗尾草与栽培谷子亲缘关系较近，是谷子近缘祖先，谷莠子与栽培谷子的亲缘关系最近，是谷子与狗尾草的中间类型。

二、分　类

谷子类型的划分，常用的有以下几种：依穗型、稃色、刚毛色、粒色等划分，分龙爪谷、毛粱谷、青谷子、红谷子等；依籽粒粳糯性划分，分粳谷、红酒谷等；依植株叶色、鞘色、分蘖多少划分，分白秆谷、紫秆谷、青卡谷等；依据生育期划分，分早熟类型（春谷少于110d，夏谷70～80d）、中熟类型（春谷111～125d，夏谷81～91d）和晚熟类型（春谷125d以上，夏谷90d以上）。

第三节　谷子生产概况

一、世　界

谷子在世界上分布很广，主要产区是亚洲东南部，非洲中部和中亚等地。据联合国粮农组织统计，全世界粟类作物面积为8亿～10亿亩（1亩≈667m^2，1hm^2=15亩。全书同），其中，24%左右是谷子，亚洲占世界谷子播种面积的97.1%，占世界谷子产量的96.7%，就国家而言，以中国、印度、苏联、巴基斯坦、马里、苏丹等栽培谷子较多。

二、中　国

谷子是我国古老的栽培作物之一。早在六七千年前新石器时期黄河流域一带就大量种植，殷商时期已是人们的主食。我国是世界上谷子栽培面积最大、产量最多的国家。播种面积占世界播种面积的90%以上。谷子

在我国分布极广，但主要分布在北纬32°～48°和东经108°～130°的北方各省，其中种植面积较大的有河北、黑龙江、内蒙古、山西、吉林、辽宁、山东、河南、陕西、甘肃、宁夏等省（自治区）。以淮河以北到黑龙江的广大地区种植面积最大，占全国谷子面积的99%以上。据1996—2000年中国农业统计资料统计，全国谷子种植面积125万～152万hm^2，占全国粮食作物种植面积的1.2%～1.4%；总产量213万～357万t，占全国粮食总产量的0.5%～0.7%；平均单产1 604～2 359kg/hm^2。随着优良品种推广和栽培技术改进，提高谷子品质和生产效益将成为今后我国谷子生产的发展方向。

三、辽　宁

目前，全国谷子年种植面积约140万hm^2，年总产量280万t左右，种植面积较大的地区依次是河北、山西、内蒙古、陕西、辽宁、河南、山东、黑龙江、甘肃和吉林，上述10个省（自治区）谷子种植面积占全国谷子种植总面积的97%，其中，60%分布在华北干旱最严重的河北、山西、内蒙古。

从辽宁省谷子生产来看，种植面积呈递减趋势。中华人民共和国成立初期，除辽宁省南部沿海部分低洼易涝区没有种植外，其他地区均有种植。其中，辽西地区的谷子种植面积为全省谷子种植面积的1/2左右。到20世纪80年代，谷子已主要集中在辽西一些低山丘陵地区，占全省谷子种植面积的3/4左右，成为辽宁省谷子主产区。

辽宁省发展谷子产业具有得天独厚的优势，谷子年种植面积300万～400万亩，面积占全国的1/10，产量占全国的1/8。朝阳谷子常年种植面积100多万亩，年产小米30多万t。朝阳谷子远销全国各地，并出口日、韩、东南亚、欧盟和美国，被誉为“中国小杂粮之乡”。

第四节　谷子种植区划

根据我国各地自然条件、地理纬度、种植方式和品种类型，全国可划分为4个谷子产区。

一、东北春谷区

包括黑龙江、吉林、辽宁、内蒙古东部。地处北纬40°～48°，海拔20～4 400m，无霜期120～170d，日照时数14～15h。年平均气温2～8℃，降水量400～700mm。一年一熟，常与大豆、高粱、玉米轮作。栽培品种多为单秆、大穗、生长繁茂型品种。

二、华北平原夏谷区

包括河南、河北、山东等省。地处北纬33° ~ 39°的平原地区，海拔高度在50m以下，地势平坦。无霜期150 ~ 250d，日照时数13 ~ 14h。年平均气温12 ~ 16℃，年平均降水量400 ~ 900mm。土质以褐色土为主。冬小麦收获后复种谷子。本区丘陵山地有少量的春谷栽培。栽培品种生育期短，植株矮、穗大、粒大。

三、内蒙古高原春谷区

包括内蒙古，河北张家口，山西大同、朔州。地处北纬40°48′ ~ 48°48′，海拔1 500m以上。地势高寒，无霜期125 ~ 140d。日照时数14h以上。年平均气温2.5 ~ 7℃，年降水量250mm，土质以栗钙土为主。一年一熟，与玉米、高粱、马铃薯轮作。栽培品种生育期短，矮秆、大穗。

四、黄河中上游黄土高原春夏谷区

包括山西中南部、陕西、宁夏、甘肃等省（自治区）。地处北纬30° ~ 40°，海拔600 ~ 1 000m，无霜期150 ~ 200d，日照时数14h左右，年平均气温7 ~ 15℃，年降水量350 ~ 600mm，土质为棕钙土和褐色土。春播为主，在平川地区小麦收获后种植夏谷。一年一熟或两年三熟。

第二章　谷子栽培的生物学基础

第一节　谷子的生育期、生育阶段及生育时期

一、谷子的生育期

谷子由种子萌发至成熟称全生育期。从出苗到成熟所经历的天数称生育期。谷子生育期长短，不同品种、不同地区差异很大，同一品种不同地区种植或同一品种由于播种不同生育期长短也有很大变化。春谷类型品种生育期为80～140d。生产上常把生育期少于110d的春各品种定为早熟品种；111～125d的品种定为中熟品种；125d以上的品种定为晚熟品种。夏谷生育期70～80d的品种为早熟品种；80～90d的品种为中熟品种；90d以上的品种为晚熟品。

二、谷子的生育阶段

包括3个生长阶段，即营养生长阶段（又叫生育

前期）、营养生长阶段与生殖生长并进阶段（又叫生育中期）和生殖生长阶段（又叫生育后期）。营养生长阶段指从种子萌发开始到拔节期为止，是谷子根、茎、叶等营养器官分化形成阶段，春谷为45～55d，夏谷为22～30d；营养生长与生殖生长并进阶段指从拔节到抽穗期为止，是谷子根、茎、叶大量生长和穗生长锥的伸长、分化与生长阶段，春谷为25～28d，夏谷为18～20d：生殖生长阶段指抽穗期到籽粒成熟期，是谷子穗粒重的决定期，春谷为40～60d，夏谷为42～50d。生育前期为幼苗质量决定期，中期是穗花数决定期，后期是穗重决定期。

三、谷子的生育时期

全生育期又可分为5个小阶段。

1. 从种子萌发出苗到分蘖为幼苗期

这阶段春播条件经历25～30d，夏播需12～15d。

2. 从分蘖到拔节为分蘖拔节期

春谷为20～25d，夏谷10～15d，此阶段是谷子根系生长的第一个高峰时期，又是谷子一生中最抗旱的时期。

3. 从拔节到抽穗为孕穗期

春谷需25～28d，夏谷经历18～20d，是谷子根茎叶生长最旺盛时期，是根系生长的第2个高峰期，同时又是幼穗分化发育形成时期。

4. 自抽穗经过开花受精到籽粒开始灌浆为抽穗开花期

春谷经历15～20d，夏谷经历12～15d，是开花结实的决定期，是谷子一生对水分养分吸收的高峰时期，要求温度最高，怕阴雨、怕干旱。

5. 自籽粒灌浆开始到籽粒完全成熟为灌浆成熟期

春谷经历35～40d。夏谷经历30～35d，是籽粒质量决定时期。

第二节　谷子的生长发育

一、种子萌发与出苗

谷子发芽的适宜温度15～25℃、最低温度6℃、最高温度30℃。谷子种子发芽需水较少，吸水约占种子重量的25%。适宜的发芽含水量为30%～35%，种子发芽最适宜的土壤含水量为50%左右。成熟的种子在适宜的水分、温度和空气条件下，便能萌动发芽，种子萌发经过吸水膨胀、物质转化和幼胚生长3个过程。种子萌发时，首先吸水膨胀，达到饱和，然后呼吸作用增强，各种酶类开始活动，在各种酶的作用下，胚乳内所含淀粉、脂

肪和蛋白质等比较复杂的有机物质转化为简单的碳水化合物和可溶性的含氮化合物，为胚能直接吸收利用的营养物质。在呼吸过程中，释放的能量能满足谷子幼胚生长对能量的要求。在适宜的温度、水分和通气条件下，胚根鞘伸长，突破种皮，随之胚芽鞘也胀破种皮而出，胚芽鞘不断地向地面伸长，露出地面，形成一片鞘叶不再生长，由胚芽鞘中长出一片卵圆形苗叶，即第一片真叶，称猫耳叶。通常把第一叶露出地面1cm称为出苗。

二、根的生长

谷子为须根系，由初生根与次生根和支持根3种根群组成。

1.种子根

种子萌发时，首先长出一条种子根（胚根）即初生根，初生根再生侧根。初生根入土较浅，一般为20～30cm，深的可达40cm以上，向四周扩展，吸收水分和养分供给幼苗生长，种子根伸长5～10d即发生极细的支根，从土壤中吸收水分和养分，供幼苗生长。至17～18d就能形成相当范围的根群。到播后45d左右，种子根入土达最大深度，且停止生长。种子根抗旱能力较强，对抗旱保苗具有重要作用。它的寿命一般维持两个月左右。

2.次生根

幼苗4叶时，主茎地下6～7节处发生次生根，入土深度可达100cm以上，水平分布达40～50cm，主要分布在30cm耕层内。次生根是由幼茎节的分生组织表层分化形成的，着生在近地表的茎节上。根原始体于三叶期开始分化，到8～9片叶时，大部分次生根分化完成。3～4片叶时开始生长，拔节期速度加快。孕穗期达到高峰，至旗叶外露时生长速度显著减慢，抽穗前后停止生长。谷子一般有7～9层，60～90条次生根，分蘖可长2～3轮次生根。早期形成的最下面的4层次生根密集在一起，根径小，近似水平分布。从第五层开始，越往上层根数和根量渐多，直径越大，入土角度越陡，形成谷子一生中吸收力最强的主体根系。次生根向四周伸展50cm左右，向深扎可达100～150cm，抽穗前在近地表的茎节上也可发生气生根。苗期根系生长较快，根重约占全株干重的25%。随着生长根的比例下降，拔节期根重占全株干物重的20%。孕穗期根量有所增加，以后逐渐降低，抽穗期根重只占全株干重的5%～6%。

3.支持根（气生根）

抽穗前，在靠近地面的几个茎节上长出2～3轮气生根，有吸收水分、养分和支持茎秆防止倒伏的作用。

谷子根群主要分布在50cm以内的土层中，在30cm的表土内分布最多。根系发育好坏，直接影响植株地上部的生长发育。根量与籽粒产量呈高度正相关。

三、分蘖

幼苗4～5片叶时，地下2～4个茎节上开始发生分蘖。分蘖多少与品种和栽培条件有关。分蘖性强的品种分蘖可达10个以上。普通栽培品种分蘖力弱或不分蘖。同一分蘖品种在苗期干旱、肥地稀植、营养条件较好的情况下分蘖较多，相反情况下分蘖较少。分蘖大都和主茎一样，能正常抽穗结实。所以在生产条件不良、耕作条件较差、病虫灾害较重地区，分蘖弥补缺苗，保证种植密度，可获得较稳定的产量。

四、叶的生长

谷子叶为长披针形。叶是生长点初生突起形成的叶原基逐渐发育而成的，叶由叶片、叶舌、叶枕及叶鞘组成，无叶耳。一般主茎叶为15～25片，个别早熟品种只有10片，基部叶片较小，中部叶片较长，长20～60cm，宽2～4cm，上部叶片逐步变小。不同品种和不同栽培条件下，单叶数目及叶面积亦有变化。谷子第一叶椭圆形，称猫耳叶，其他叶呈披针形，最后一片叶短而阔，称旗叶。谷子出苗前，来源于胚芽的1～5片叶已分化形成。出苗到拔节期间分化形成6～20片叶。拔节后开始分化形成20～24片叶。

叶片生长过程，可分为3个阶段：一是叶片分化期，从叶原基分化发育开始到形成心叶为止；二是叶片伸长期，从心叶开始伸长到全叶展开停止生长；三是功能期，叶片全部展开到衰亡。谷子相邻两心叶出现的时间间隔，各叶之间不一样，相差很大。拔节前1～9叶，出叶速度较慢。两叶出生间隔4～5d。10叶后出叶速度加快，两叶间隔3～4d。18叶后的几片叶相距更近，有时两叶几乎同时出现。叶片伸长期，各叶片伸长经历的时间不一样，基部1～3叶最短，仅有10～12d；10叶以下和20叶以上各叶，时间稍长，为15～20d，中部11～19叶时间最长，要经历25d以上。叶片功能期长短差别很大，茎部1～8叶功能期最短，只有30～50d；9～18叶功能期最长，要持续70～90d。19叶以后叶片功能期一直能维持到完熟以后，由于生育阶段的不同，各节位叶形成的时间不同，在器官建成上的作用不同，故将全株茎叶划分为几个叶组。由下向上1～12片叶，称根叶组，是决定谷苗质量和根系生长好坏的功能叶组；12～19片叶称穗叶组，是拔节和抽穗期间，对幼穗分化发育起主要作用的功能叶组；19～24片叶，称粒叶组，是抽穗后对籽粒形

成起主要作用的功能叶组。

五、茎的生长

谷子茎直立，圆柱形。茎高60～150cm。茎节数15～25节，少数早熟品种有10节。基部4～8节密集，组成分蘖节。地上6～17节节间较长，节间伸长顺序由下而上逐个进行。

下部节间开始伸长称拔节。初期茎秆生长较慢，随着生育进程生长加快，孕穗期生长最快，1日可达5～7cm，以后逐步减缓，开花期茎秆停止生长。

六、幼穗分化形成

1.穗的结构

穗为顶生穗状圆锥花序，由穗轴、分枝、小穗、小花和刚毛组成。主轴粗壮，主轴上着生1～3级分枝。小穗着生在第3级分枝上，小穗基部有刚毛3～5根。每个小穗内有2个颖片，内有两朵小花，上位花为完全花，下位花退化。一个谷穗有60～150谷码。谷码多以螺旋形轮生在穗轴上，每一轮3～4个谷码。完全花的外稃稍大，成熟后质硬而有光泽，颜色因品种而异。雌蕊柱头羽毛状分叉，3枚雄蕊，子房基部侧生2个浆片，开花时柱头和雄蕊伸出颖外，子房受精后结籽1粒。每个谷穗有小穗

3 000 ~ 10 000个。由于穗轴一级分枝长短不同，以及穗轴顶端分叉的有无，构成了不同穗形。常见的穗形有纺锤形、圆筒形、棍棒形、鞭形、鸭嘴形和龙爪形等。

2.穗分化过程

（1）生长锥未伸长期。生长锥未伸长，仍保持营养生长时期的特点。基部是最初的叶原基，顶部为光滑无色的半球形突起，长宽比<1。

（2）生长锥伸长期。当谷苗长出12 ~ 13个叶片时（春谷，中晚熟品种），茎顶端生长点开始伸长，长度大于原来半球形突起时的宽度。生长锥伸长时间约12d。

（3）枝梗分化期。植株长出15 ~ 16片叶时，在伸长的生长锥上出现6排乳头状的突起，而后逐渐发育成为1级分枝。1级分枝原始体膨大呈三角形的扁平圆锥体，在扁平圆锥体上出现互生两行排列的2级分枝原始体突起。在2级分枝原始体上，以垂直方向分化出第3级分枝原始突起。枝梗分化约需13d，枝梗分化期是决定谷子穗码大小、小穗与小花多少的关键时期。

（4）小穗分化期。当植株长出16 ~ 17片叶时，在3级分枝顶端长出乳头状的小穗原基。这些小穗原始体在分化中发生变化，一种是小穗原始体继续膨大，分化成为小穗；另一种是小穗原始体不再继续膨大，而是延长，发育成刚毛。此时期如遇干旱，小穗原始体的膨大

就要受到影响。

（5）小花分化期。植株长出17～18片叶时进入小花分化期。每个膨大的小穗原始体分化出两个小花原始体，最先分化的一朵小花（下位花），只形成外稃与内稃，为不完全花，只有靠上方的第二朵小花（上位花），继续分化，出现1个外稃、1个内稃、3个花药和羽毛状分枝。

柱头及子房，为完全花。小穗和小花分化大约需10d。花药分化成花粉母细胞，经四分体发育成花粉粒。此期对外界条件反应敏感，干旱、低温都会引起雌雄蕊发育不完全，增加不孕花。

七、抽穗开花与籽粒形成

谷子从抽穗开始到全穗抽出，需要3～8d。一般主穗开花期为15d左右，分蘖穗开花7～15d。开花第3～6d进入盛花期，适宜温度为18～22℃，相对湿度为70%～90%。每日开花为两个高峰，以6—8时和21—22时开花数量最多，中午和下午开花很少或根本不开花。每朵小花开放时间需70～140min。

开花授粉后，子房开始膨大，胚乳和胚同时发育，进入籽粒灌浆期。籽粒灌浆分为3个时期：一是缓慢增长期，开花后的一周之内，灌浆速度缓慢，干物质积累量占全穗总重量的20%左右；二是灌浆高峰期，开花后7～25d，干物质积累量占全穗总重量的65%～70%；三是灌浆速度下降期，开花25d后，灌浆速度锐减，籽粒进入脱水过程，干物质积累量仅占全穗总重量的10%～15%。

第三节　谷子对环境条件的要求

一、对温度的要求

谷子是喜温作物，对热量要求较高。完成生长发育要求积温在1 600～3 000℃，生育期短的品种要求低一点，生育期长的品种要求高一些。谷子对积温的要求比较稳定，达不到生长发育的要求，会延缓生长发育的速度，霜前不能成熟。种子发芽最低温度6～8℃，适宜温度为15～25℃，24～25℃时发芽最快，最高耐受温度为30℃。幼苗不耐低温，在1～2℃条件下易受冻害，甚至死亡。幼苗生长（从出苗至分蘖）适宜的温度为20℃。拔节至抽穗是营养生长与生殖生长并进阶段，要求较高的温度，适宜温度为22～25℃，温度低于13℃不能抽穗。谷子开花授粉期间，适宜温度为18～21℃，气温过高，影响花粉生活力和授粉，温度低于17℃，则花药不开裂，花器易受障碍型冷害。谷子灌浆时适宜温度是20～22℃，温

度过高过低对灌浆均不利。低于20℃或高于23℃，对灌浆不利，特别在阴天、低温和多雨的情况下，延迟成熟，秕谷增多，灌浆期阳光充足、昼夜温差大，有利于干物质积累，促使籽粒饱满，利于蛋白质合成。

二、谷子需水规律

谷子比较耐旱，蒸腾系数为142～271，平均为257，低于高粱（322）、玉米（368）和小麦（513）。

谷子不同阶段生长中心不同，对水分要求有很大差异。

1. 种子发芽阶段

对水分要求很少，吸水量达种子重量的26%就可发芽。耕层土壤含水量达9%～15%，就能满足发芽对水分的要求。春季土壤水分过多，导致土壤温度降低，对发芽不利。

2. 出苗至拔节

生长发育以根系建成为中心，苗小叶少需水最少。耗水量约占全生育期的6.1%。苗期耐旱性很强，能忍受暂时的严重干旱，抗旱性很强。即使土壤含水量下降到10%以下，仍可暂时维持生长，下降到5%，仍不致旱死，一旦得到水分又可迅速恢复生长。苗期适当干旱，有利蹲苗，促根下扎，茎节增粗，对培育壮苗和后期防旱防倒有积极作用。农谚有“小苗旱个死，老来一肚籽”“有钱难买五月旱”，说明苗期干旱的好处。

3. 拔节到抽穗

生长中心由地下根系转移到地上部分，茎叶生长迅速，叶面蒸腾剧增，特别是穗分化开始以后，生殖生长和营养生长并进，对水分要求大量增加，到抽穗期达到高峰。拔节至抽穗是谷子需水量最多时期，不耐旱，耗水量占全生育期的65%（50%~70%）。特别是小花原基分化到花粉母细胞四分体时期对干旱反应特别敏感，是谷子需水的临界期。在幼穗分化初期遇到干旱即“胎里旱”，会影响3级枝梗和小穗小花分化，减少小穗小花数目；穗分化后期，花粉母细胞减数分裂的四分体时期遇到干旱，叫“卡脖旱”，则会使花粉发育不良或抽不出穗，造成严重干码，产生大量空壳、秕谷。这时干旱严重影响小花分化及花粉粒形成，造成结实率显著降低而减产，即使以后水分条件得到改善，所受到的影响也不能挽回。所以说：“谷怕胎里旱”，要“拖泥秀谷穗”。

4. 受精到成熟

需水量占全生育期总需水量的30%~40%，是决定

穗重和粒重的关键时期。谷子进入灌浆期对干旱反应也比较敏感，如水分不足，使灌浆受阻，秕谷增加，穗粒重减轻，造成减产。灌浆期干旱称“夹秋旱”，农谚有“前期旱不算旱，后期旱产量减一半”，说明灌浆期不能干旱。为保证茎叶制造的营养物质向籽粒输送，仍需充足水分，要求土境含水量不低于17%，此期耗水占全生育期的19.3%。灌浆后期直到成熟，对水分要求渐少，耗水量约占全生育期的9.6%。此时土壤水分过多，易造成贪青晚熟、霜害、倒伏，而形成大量秕谷。谷子一生的需水规律可概括为“前期耐旱，中期喜水（宜湿），后期怕涝”。

三、谷子的光周期反应及对光的要求

1. 光周期反应

谷子是短日照作物，在生长发育过程中，需要较长的黑暗与较短的光照交替条件，才能抽穗开花。日照缩短促进发育，提早抽穗；日照延长延缓发育，抽期推迟。谷子在抽穗前，每天日照15h以上，大多数品种不向生殖生长转化，停留在营养生长阶段，生育期延长；每天12h以下，则缩短营养生长，迅速转入生殖生长，发育加快，提早抽穗。谷子一般在出苗后5～7d进入光照阶段。在

8～10h的短日照条件下，经过10d即可完成光照阶段。

不同品种对日照反应不同，一般春播品种较夏播品种反应敏感，红绿苗品种较黄绿苗品种反应敏感。在引种时必须考虑品种的日照特性。低纬度地区品种引到高纬度地区或低海拔地区的品种引到高海拔地区种植，由于日照延长，气温降低，抽穗期延迟。相反引种，生长发育加快，生育期缩短，成熟提早。

2. 对光强的要求

谷子是喜光作物，在光照充足的条件下，光合效率很高，但在光照减弱的情况下，光补偿点高，光合生产率低。谷子具有不耐阴特性，尽量避免与高秆作物间作。在幼苗期，光照充足，有利于形成壮苗。在穗分化前缩短光照，能加快幼穗分化速度，但使穗长、枝梗数和小穗数减少；延长光照，穗能延长分化时间，增加枝梗和小穗数。在穗分化后期，即花粉母细胞的四分体分化时，对光照强弱反应敏感。此时光弱，就会影响花粉的分化，降低花粉的受精能力，空壳增多。在灌浆成熟期，也需要充足的光照条件，光照不足，籽粒成熟不好，秕粒增加，农谚："淋出秕来，晒出米来"，就是指这个时期。谷子是C4作物，净光合强度（CO_2）较高，一般为25～26mg/（$dm^2 \cdot h$），超过小麦，二氧化碳补偿点和光呼吸都比较低。

四、对养分的要求

据测定，每生产籽粒100g，一般需要从土境中吸收氮素2.5～3.0kg、磷素1.2～1.4kg、钾素2.0～3.8kg，磷、钾比例大致为1：0.5：0.8。不同生育阶段，对氮、磷、钾三要素的要求不同。出苗至拔节需氮较少，占全生育期需氮量的4%～6%；拔节至抽穗需氮最多，占全生育期需氮量的45%～50%；籽粒灌浆期需氮量减少，占全生育期需氮量的30%以上。叶原基分化期，磷素主要分配在新生的心叶，其脉冲数占全株总数的19.6%；生长锥伸长期，主要分配在生长锥、幼茎，占全株总量的10%；枝梗分化与小穗分化期是需磷的高峰期，主要分配在幼穗，占全株总量的20.95%。此后，抽穗、开花、乳熟期，磷素在植株各器官呈均匀状态分布。例如，抽穗阶段，磷分布在叶片为3%～8.7%、叶鞘3.4%～4.9%，茎4.1%～4.6%、穗4.5%。幼苗期吸收钾素较少，技节到抽穗前是吸钾高峰期。抽穗前28d内每公顷积累钾136.95kg，占全生育期积累量的50.7%，吸收强度为4.89kg/（hm^2·d），抽穗后又逐渐减少。

五、对土壤的要求

谷子对土壤要求不甚严格。黏土、沙土都可种植。但以土层深厚、结构良好、有机质含量较丰富的沙质壤土或黏质壤土最为适宜。谷子喜干燥、怕涝，尤其在生育后期，土壤水分过多，容易发生烂根，造成旱枯死熟，应及时排水。谷子适宜在微酸和中性土壤上生长。谷子抗碱性较弱，在土壤含盐量达到0.21%～0.41%时，生长受到抑制，达到0.41%～0.52%时，植株受到严重的抑制或死亡。

第三章 谷子的产量形成与品质

第一节　谷子的产量形成

一、干物质积累与分配

谷子一生干物质积累可分为3个阶段：第一个阶段是出苗至拔节为营养生长阶段，光合产物用于形成根、茎、叶和叶鞘。根的数量和重量增长很快，茎和叶生长较慢。据测定，苗期和拔节期地下部干重为地上部干重的23%～91%，而拔节以后根系虽然发展，但与地上部相比比值下降，仅为5%～9%。第二个阶段是拔节至抽穗为营养生长与生殖生长并进阶段，这个阶段为一生中生长最旺盛时期，由根系生长转移到地上部生长，同化产物的分配中心由根系转移到叶片、茎、鞘和穗，这一时期群体干物质积累量占全生育期总积累量的47.6%左右。第三个阶段是开花至灌浆、成熟为生殖生长阶段，光合产物越来越多地输送到籽粒中去。同时，营养器官贮存的部分有机物质也开始不断向籽粒运转。据测定，穗部干物质重量的92%是来自抽穗以后的同化作用，8%左右是来自抽穗前茎、叶、鞘物质贮存。这一阶段干物质积累量占全生育期总积累量的47.7%，即光合产物占一生总积累量的1/2左右。茎鞘、叶片和穗各器官干物质重量分配比例分别以37%、15%、48%左右为适宜。生产籽粒7 500kg/hm^{2}群体，地上部干物质重量需达到15 000kg/hm^{2}左右。在开花期应达到7 500kg/hm^2。

二、叶面积动态变化

从出苗到拔节为缓慢增长期，叶面积指数以0.5～1为宜。拔节到抽穗，叶面积发展迅速，至抽穗开花达到最大值，为直线增长期，以4～5为宜。抽穗到乳熟期，叶面积指数达到最大值后为稳定期，能保持在30d以上不下降或变动很小，稳定期长，有利于提高结实率。从蜡熟至完熟期，叶面积指数逐渐下降为衰亡期，保持在2～3为宜。

第二节　谷子的品质

一、谷子的品质

谷子的品质包括营养品质和食味品质。营养品质主

要包括蛋白质、脂肪、淀粉、维生素和矿物质等；食味品质主要指色泽、气味、食味、硬度等。目前主要以直链淀粉含量、糊化温度和胶稠度作为谷子食味品质的定量测定指标。

二、营养品质与环境

1. 蛋白质

谷子蛋白质含量有随降水量增加而提高的趋势。在同样降水年份，旱地谷子比水地谷子的粗蛋白质含量要高。施用肥料的种类、用量不同，对谷子蛋白质含量影响也不同。谷子的产地、品种与生产年份不同，蛋白质含量有明显差异。

2. 脂肪

干旱有助于谷子脂肪的含量提高。在干旱条件下比在水分充足的条件下脂肪含量提高9.6%，最高的提高27.4%。谷子脂肪含量与温度呈负相关。随着积温的增加，脂肪含量呈下降趋势。脂肪含量还随纬度、海拔增加而呈增加趋势，随施肥量增加而呈下降趋势。

3. 淀粉

谷子无论是单施氮肥，还是氮、磷配合，均随施肥量的增加而总淀粉含量减少。而直链淀粉含量则随施肥量增加呈增长趋势，支链淀粉含量则随施肥量增加呈下降趋势。

三、小米的食味品质

1. 淀粉

谷子淀粉由直链淀粉与支链淀粉组成，两种淀粉的比例关系决定着小米饭的适口性。直链淀粉含量分别与小米饭的柔软性、香味、色泽、光泽有关。

2. 糊化温度

糊化温度是小米淀粉粒在热水中膨胀而不可逆转时的温度，由此可以反映出胚乳和淀粉粒的硬度。糊化温度越低，小米越容易煮烂，且食味较好。反之糊化温度高，小米越不易煮烂，且食味较差。谷子品种不同，糊化温度不同。小米的糊化温度划分为低（<60℃）、中（60～63℃）和高（>63℃）3个等级。糊化温度与蒸煮米饭时间及用水量成正相关。

3. 胶稠度

胶稠度是指小米蒸煮一定时间后，米汤中胶质的流动长度。胶稠度反映了米胶冷却后的黏稠程度，与小米

饭的柔软性有关。胶稠度与适口性之间呈正相关。胶稠度在6～7cm品种，其米饭黏性适中，冷却后仍柔软，有光滑感，食味品质好；胶稠度在6cm以下的品种，其米饭干燥，冷后发硬，适口性差。胶稠度与糊化温度之间呈中度负相关。糊化温度高的品种其米胶质流动长度较短。

4. 其他因素

谷子品种是影响小米食味质的主要因素。品种不同，小米的直链淀粉含量、糊化温度、胶稠度不同。收获期的早晚，特别是提早收获，籽粒灌浆尚未结束，小米中蛋白质、脂肪与淀粉等物质尚未完全充实，减少了固形物质，从而影响食味品质。除此之外，肥料、土壤类型及光、温、水等气候因子的变化也会影响食味品质。

第四章 谷子的栽培技术

第一节 轮 作

谷子不宜重茬，“重茬谷，坐着哭”“倒茬如上粪”，生动地说明连作的缺点和轮作的重要意义。实行合理的轮作，可以合理利用土壤肥力，减少病、虫、杂草为害，提高作物单位面积产量和劳动生产率，还可消除土壤有害物质，改变农田生态条件等。我国谷子主产区都把谷子安排在好的茬口上，为谷子高产创造条件。如华北平原二年三熟的小麦—夏大豆—春谷—小麦—玉米；一年两熟的小麦—夏玉米—小麦—夏谷—小麦—夏休闲等。

谷子对前茬作物无严格要求，但实践证明，豆类作物是谷子的最好前茬作物。农谚说：“豆茬谷，享大福”。马铃薯、红薯、麦类、玉米是谷子较好的前茬。它们共同的特点是土壤耕层比较疏松，养分、水分较充足，杂草

少，不易荒地。而高粱、荞麦等茬口较差，要获得较高产量，必须施更多的肥料和采用良好的栽培技术。

第二节　土壤耕作

“不怕谷粒小，就怕坷垃咬”。意思是说谷粒小，如果不精细整地，种子及幼根不易与土壤紧密结合。同时，坷垃多，土壤水分易蒸发，因此要精细整地，防旱保墒，保全苗。整地一般分秋整地和春整地。

一、秋季深耕

“秋耕深一寸，顶上一车粪”“秋天谷田划破皮，赛过春天犁出泥”，生动地说明秋季深耕的作用，对谷子有明显的增产效果。秋季深耕可以熟化土壤，改良土壤物理性状，增强土壤蓄水保墒能力，加深耕层，活跃土壤微生物，促进有效养分的释放，提高土壤肥力，有利于谷子根系下伸，扩大根系数量，增强吸收肥水能力，使植株生长健壮，从而促进整个生长发育，有显著增产作用。秋耕还能减少杂草、病虫为害。秋耕要做到早、细、深。早秋耕疏松土壤，深秋耕加深活土层；耕后紧接耙、耢，消灭坷垃，减少水分蒸发。秋耕深度一般要求达到20cm以上，结合秋耕最好进行秋施肥，对贮墒保墒有良好的作用。

二、春季耕作

我国谷子主要分布在干旱、半干旱丘陵山区，播种季节又干旱多风，降水量少，蒸发量大。谷子籽粒小，不宜深播，表土极易干燥。因此，做好春季耕作整地保墒工作，对谷子全苗至关重要，是谷子栽培成败的关键。春季整地，当地表刚化冻时就要顶凌耙耢，切断土壤表层毛细管，耙碎坷垃，弥合地表裂缝，防止土壤水分蒸发。播种前土壤表层含水量降到12%以下，只靠耙耢已不能起到保墒作用，通过镇压抑制气态水扩散是有效的保墒措施。春季整地要根据具体情况灵活运用。如土壤干旱严重，就要多耙耢重镇压不浅耕；如果雨水多地湿，就不需要耙耢镇压，而要采取耕翻散墒，以提高地温。春季整地要做到平、碎、净，一般在4月10日前结束整地。镇压可使5～10cm土层含水量增加3%左右。没有经过秋冬耕作，或未施秋肥的旱地谷田，要及早春季耕翻。

第三节　增施基肥

谷子是一种耐瘠薄性较强的作物，这是指在瘠薄山地上种植其他作物不能获得收成的情况下，种谷子虽然长

得很矮，也能有一定收成。但从其生物学特性来看，谷子也是喜肥，并对肥料反应敏感的作物。谷子一生所需养分，有20%～30%来自土壤，其余绝大部分由施肥供给。俗话说:“要想庄稼好，需在肥上找”。施足基肥是谷子高产的物质基础。基肥不仅源源不断地供给谷子生长发有所需的各种养分，而且增强土壤蓄水保墒能力，并结合土壤耕作制造深厚、松软、肥沃的土壤耕层，为谷子生长发育创造良好的条件。

一、基肥种类

谷田基肥种类很多，如人粪尿、家畜粪尿、厩肥、堆肥、绿肥、泥土肥、杂肥、化肥等。“谷地施羊粪，雨雨见后劲”，羊粪是热性肥料，肥力持久，是谷田最好的基肥。

增施基肥是改良土壤、培肥地力、提高谷子产量的有效措施。基肥要以腐熟的农家肥为主。在一般土壤肥力条件下，要亩施优质农家肥2 000～3 000kg，并与过磷酸钙混合作底肥，结合翻地或起垄时施入土中。农家肥一般秋施比春施好，因为农家肥秋施后，经冬春初夏的腐烂分解，能及时供应谷苗所需的养分。基肥秋施较春施的速效氮、磷均有显著增加。据测定，秋施基肥一般比春施基肥增产10%左右。

二、基肥施用量

要根据品种本身需要、产量指标、土壤速效养分含量、肥料中有效元素含量及当地当年利用率和化肥拥有量估算。综合各地经验，中产谷田一般亩施有机肥1 500～4 000kg，高产谷田5 000～7 500kg。

三、施用时期

基肥秋施比春施效果好。一是结合秋深耕施入基肥，能增强土壤的蓄水保墒能力，充分接纳秋冬雨雪；二是变春施肥为秋施肥，解决了施肥与跑墒、肥料吸水与谷子需水的矛盾；三是秋施肥料经过冬春风吹日晒，好气性微生物活动加速分解，肥土相溶，进一步熟化土壤，提高土壤肥力，效果更好。如有条件一定要变春施为秋施肥。若春施基肥须结合早春浅犁施入，以提高肥效，而播前施用效果最差。

四、基肥施用方法

施肥时如果肥多，可均匀撒施，少时采用“施肥一大片，不如一条线”的集中施用法。施用基肥要因地制宜，阴坡地等冷性土壤，施用骡马粪、羊粪等热性肥料；阳坡地等热性地，要施用猪粪、牛粪等冷性肥料，沙性土壤要多施优质土粪、猪羊粪等。

谷子对磷敏感，后期需磷是前期积累磷的再利用，所以磷肥一定要做基肥施用。谷地使用磷肥有显著的增产效果。磷肥施用时，要与有机肥混合沤制施用效果更好，与氮素化肥配合施用能进一步发挥磷肥作用。一些氮素不稳定的化肥容易挥发损失，作基肥施用以提高肥效，干旱年份，旱地氮肥作基肥效果较好。

第四节　应用谷子覆膜栽培技术的必要性

一、谷子种植面积呈现逐年减少趋势的主要原因

1. 在地块的选择上

大多数农户谷子种在山坡薄地上，土壤有机质含量少，土壤板结。

2. 在施肥上

一般农户在种植谷子时，不上粪肥和有机肥，施入的化肥少，投入少所以产出少。

3. 在品种选择上

品种混杂、退化严重，病害多。2014年前，主要应用本地红谷子和本地黄谷子等本地老品种，亩产量500kg

左右，产量相对较低，影响谷子生产。

4. 种植密度不合理

过稀或过密。谷子留苗密度过稀，习惯于“稀谷秀大穗”，不注重合理密植，发挥群体增产作用；过密，植株发育不良发生倒伏现象，导致谷子单产不高，亩产不足。

5. 在谷子种植方式上

人工播种，垄作条播，间苗工作量大，费工费时。

二、谷子覆膜栽培技术可以提高谷子单产

探索谷子大面积高产稳产主要途径和高产栽培措施，改变谷子低产间苗难的现象，是谷子种植区农业生产中的重大课题。为了解决这一难题，引进一项投入高、产出高的实用农业新技术即“二坡水地谷子覆膜节水滴灌栽培技术和旱地覆膜栽培技术”。这是谷子耕作栽培技术的重大变革，不仅较好地解决了旱地谷子春旱难抓苗和伏旱少雨对谷子生长的影响，扩大了谷子品种的适种范围，大幅度提高谷子产量水平，提高有限降雨的利用效率，同时，还解决了谷子生产费工费时、产量低等问题。

谷子地膜覆盖机机械化栽培实景图

三、谷子地膜覆盖栽培技术有以下优势

1. 省工省时

谷子机械化种植，每亩节省人工4个，节省费用400元，同时，克服雨季间苗难这个影响谷子生产的瓶颈问题。

2. 早期增温增湿保墒

地膜覆盖栽培技术的增温保墒作用，有利于谷子早出苗、抓全苗、出壮苗。覆膜的增湿保墒作用解决了春旱造成的谷子播种难和出苗难问题。

3. 节水效果显著

地膜覆盖后，垄面的集雨和覆盖抑蒸作用最大限度地保蓄了自然降水，不仅将地面蒸发降到最低，对降雨能够有效拦截，使其就地入渗叠加利用，变成有效“降雨”，从而大大提高了土壤蓄水能力，增强了土壤调水功能，谷田水分得到高效利用。

4. 促进谷子生长发育

地膜覆盖栽培技术促进谷子根系建成、植株生长、穗分化和籽粒灌浆结实，为高产奠定了基础。同时，地膜覆盖能促进早熟，解决了生育期相对较长、积温不足应用晚熟品种难成熟的问题。地膜谷子比露地谷子早出苗4～15d，抽穗期提前6～15d，成熟期提前8～15d，全生育期提前8～10d。

谷子地膜覆盖机械化栽培实景图

第五节　谷子覆膜栽培技术要点

一、品种选择

选用优良品种，一般可增产10%～15%。谷子属于短日照喜温作物，对光温条件反应敏感。根据本地区实际情况，选用生育期适中、适应性广、抗病、抗逆性强、优质高产、市场畅销的适合当地栽培的谷子品种。例如，朝阳地区可选用燕谷18号、朝谷58号、张杂谷5、陕西红谷子、本地品种等。

二、品种介绍

1.张杂谷5号

河北省张家口市农业科学院选育成功的谷子两系杂交种。2005年在全国小米鉴评会上评为一级优质米。绿苗绿鞘，生育期125d。成株茎高118.7cm，穗长32cm，穗粗2.0cm，棍棒穗形。单株粒重29.1g，千粒重3.1g，出谷率74.8%，谷草比为1.51，白谷黄米。表现抗逆性较强，高抗白发病、线虫病。抗旱、抗倒、适应性强、高产稳产、米质特优适口性好。但该品种生育期较长，常规种植效果成熟度不好，张杂谷需在二坡地覆膜滴灌栽培。

张杂谷5号

2.黄金谷98（大金苗）

黄金谷98是河北农业大学农村科技开发中心于1998年从内蒙古赤峰市引入的农家良种，经多年试验示范推广，黄金谷98已成为适宜内蒙古、辽宁、吉林、山西及河北西部山区种植的小杂粮品种。黄金谷98，苗期小苗金黄色，当地谷农称为“黄金苗”。因谷穗生长有毛刺，也称为“鸟不弹谷”。黄金谷98突出特点：早熟、抗旱、抗病、抗鸟害，米质好，品质极优、易煮烂，口感香黏微甜，是加工优质小米粥的首选品种。它适宜在干旱、半干旱的山区、半山区、丘陵地生产绿色有机小米，也适宜在平原生产优质小米。春播生育期125d，夏

播90d，株高110cm左右，根系发达，茎秆粗壮，叶片宽厚，生长势强，幼苗金黄色，穗大而整齐，穗纺锤形、有刚毛、单株可分蘖3～8个，穗长35cm左右，籽粒椭圆呈淡黄色。纯山地亩产250kg，产量一般在300kg左右，在有水浇条件的地块产量会更高，可达450kg以上。

黄金谷98（大金苗）

3.朝谷15号

辽宁省水土保持研究所选育的优良谷子新品种，2009年通过国家鉴定。该品种幼苗绿色，芽鞘浅紫色，株高120～140cm，生育期115d左右。穗纺锤形，码紧，刚毛中长，护颖绿色，出谷率80%～85%，千粒重

3.0～3.1g，黄谷黄米，米质粳性。该品种突出特点是穗部经济性状良好，活秧成熟，抗旱性强，茎秆坚韧，抗倒伏，高抗锈病、白发病、黑穗病、谷瘟病。该品种米质优良，2012年在全国第九届食用粟评选中被评为国家二级优质米。一般亩产400～450kg。

朝谷15号

4.燕谷18号

辽宁省水土保持研究所选育的优良谷子新品种，2010年通过国家鉴定。该品种幼苗绿色，生育期110～120d。株高130～140cm，出谷率78%～82%，褐谷、黄米，米质粳性，千粒重3.2g。该品种米质优良，2009年在全国第八届食用粟评选中被评为国家二级优质米。燕谷18号抗旱性强，茎秆粗壮、坚韧、抗倒伏，高抗谷瘟病、白发病、锈病、纹枯病。一般亩产350～450kg。

燕谷18号

5.朝谷58

于2012年通过辽宁省备案登记。朝谷58为中熟品种，平均生育期119d，幼苗绿色，芽鞘绿色，株高155.7cm，穗长20.2cm，穗纺锤形，短刺毛、绿色，码中紧。单穗粒重11.91g，千粒重2.70g，籽粒圆形，黄谷、黄米，米质粳性，出谷率80%～83%。该品种抗除草剂（拿扑净），高抗谷瘟病、白发病、纹枯病、锈病，抗倒伏性强、抗旱性强。

朝谷58

6.朝谷59

于2012年通过辽宁省备案登记。朝谷59为中熟品种，平均生育期119d，幼苗黄色，芽鞘绿色，株高184.4cm，穗长28.6cm，穗纺锤形，短刺毛、绿色，码中紧。籽粒圆形，黄谷、黄米，米质粳性，出谷率84%。高抗谷瘟病、白发病、纹枯病、锈病，抗倒伏性强、抗旱性强。

7.朝谷19

区域试验比平均对照增产8.68%，居参试品种第1位；生产试验平均亩产336.5kg，比对照增产14.07%，5点全部增产。2013年通过国家鉴定。

朝谷59

三、地块选择

谷子最好的前茬作物依次为豆类、马铃薯和甘薯、

麦类、玉米、高粱等。种植谷子的地块通风透光要好、土层深厚，土壤结构良好，有机质含量丰富的沙质壤土或黏质壤土最为适宜；高产地块水源条件要充足。一般选择地势平坦或略高、保水保肥、排水良好、肥力中等的地块，避免选择重迎茬地块。

四、播前种子处理

1.精选种子

精选种子方法有三种。

一种是风选，即用风车或簸箕，清除秕籽，选用饱满种子。

二是盐水选种，播前3～5d，将种子放在浓度10%～15%的盐水内，捞出漂在水面上的秕谷、草籽和杂质，然后再将下沉籽粒捞出，用清水洗2～3遍，晾干。谷种经盐水选后，千粒重一般可提高0.4～0.6g。选后的种子粒大、饱满、营养足，刚出土的幼苗健壮，叶色深，整齐一致。盐水选种，对提高种子的发芽率和出苗率，均有很好的作用。

三是水选，用清水、石灰水、泥水除去秕籽、病籽，洗去附着在种皮表面的病菌泡子。石灰水洗还可杀菌。

2.种子处理

为了保证苗齐、苗全、苗壮，在选种的基础上进行种子处理。

（1）晒种。播种前1周，选晴天将谷种摊放在席上2～3cm厚度，连续翻晒2～3d，以杀死病菌、减少病源，并提高种子发芽率和发芽势。播种用谷子要做好发芽试验，发芽率应保证在90%以上才能播种。

（2）药剂拌种。为防治地下害虫，如蛴螬、蝼蛄、地老虎、金针虫等，可用50%辛硫磷乳油闷种，药、水、种的比例为1∶（40～50）∶（500～600）。为防治谷子白发病、黑穗病，经盐水选后晾干的种子，播前用25%甲霜灵可湿性粉剂和2%的立克锈水溶剂按种子重量的0.2%～0.3%拌种，防治效果良好。如果要同时既防地下害虫，又要防白发病或黑穗病，可先拌杀虫剂，后拌杀菌剂。

（3）种子包衣。包衣剂不仅含农药而且含微肥，保苗效果好；防治病虫害，特别对苗期病虫防治效果好，对中期谷瘟病、白发病，亦有一定效果；促进作物生长，具有增产作用。种子包衣方法有圆底大锅包衣法、大瓶或铁桶包衣法、塑料袋包衣法。

五、播种期

不违农时，适时播种，是谷子高产稳产的一个重要环节。朝阳谷子播种区，地理位置远离城市，环境优

越，无污染，光照充足，秋季昼夜温差大，有利于农产品有机物的积累，无霜期为约160d。根据实际情况，机械播种在4月20日至5月10日为佳。裸地播种时间为5月6—20日。

适时播种的谷子，能够充分利用自然条件，使谷子需水规律与自然降水规律相一致。苗期处于干旱少雨季节，有利于蹲苗，使谷苗长得壮实；拔节期生长发育加快，需要水分较多，这时雨季开始，幼穗分化期正是多雨季节，水分的供应得到充分的保证；抽穗期赶在降雨高峰期；开花灌浆期雨季高峰过去，降水量减少，日照增多，昼夜温差增大，有利于开花授粉和干物质积累，灌浆饱满，秕谷减少。

在干旱地区，为了抢墒保全苗，要根据土壤水分确定播期，一般在4月20日后播种为宜。平原地区，墒情较好，一般考虑温度指标，当地温稳定在7～8℃时即可播种，以4月20日至5月上旬播种为宜。

六、播种方法

由于各地耕作制度、播种工具等不同，播种方法也有很大的差别，大致可分为3种：机械平播、垄播和沟播。

七、谷子机械平播

机械平播分两种播种形式。

第一种上垄播种：适宜地块，降雨相对较多，水源条件好，灌溉设施齐全。采取这种播种方式的好处是光照充足，苗期长势好，降水过多或连续阴雨天有利于排涝。缺点是不能把无效降雨变为有效降雨，灌溉次数相对增加。

第二种下垄播种：适宜二坡地降雨相对较少、水源条件较差、灌溉条件一般的地块。优点是能够把无效降雨变为有效降雨，提高降水的利用率。缺点是连阴雨天不利于排涝。

谷子机械平播，播深一致，下种均匀，行直，有利于一次播种保全苗。机械平播要比常规播种提高工效10倍以上。

谷子机械平播

谷子机械平播

机械平播主要采取大垄双行播种方法。台宽75～80cm，小行行距40～45cm，大行行距46～48cm，株距12～14cm，这种播种密度，既达到了合理密植，又可以在行间进行铲地松土作业，有利于通风透光。

谷子覆膜

覆膜播种一体机一次完成开沟、施肥、喷除草剂、覆膜、播种、覆土镇压等工序，达到出苗整齐、简化间苗和中期追肥的作业，收获时利用割晒机进行收割。

采用全覆膜自然降水利用率较裸地种植提高10%～20%，水分利用效率提高20%～30%，较小的降水量就可以保证谷子出全苗，尤其在辽西干旱区春季降水量少的地区。

注意事项：机械平播谷子要注意选择地势相对平坦的二坡地、前茬草少和肥力较高地块，由于机械平播铲地次数少，需要土壤疏松，因此，要求前茬深翻，细致整地，增施基肥，加强管理，才能获得较大的增产效果。

八、播种量的确定

谷子播种量要适当，过少易造成缺苗断垄，过多时，幼苗密集，生长不良，间苗费工，稍不注意易荒苗而减产。

1. 人工播种

谷子出苗后一般要间苗，所以播种量并不能决定植株密度。但播种量多少对幼苗的壮弱却影响很大。谷子粒小，如按千粒重3g左右，500g种子大约16万粒，按

每亩保苗3万～5万株计算，加上田间损失率，每亩播量400～500g就够用。

2. 机械播种

分两种形式。

（1）无水源条件。覆膜需种量每亩350～400g。

（2）有灌溉条件。覆膜铺滴管的，亩用种量300g左右。

3. 如何确定播种量

主要应根据种子发芽率、播前整地质量、地下害虫为害情况等。如种子发芽率高、种子质量好，土壤墒情好，地下害虫少，整地质量高，播种量可以少些，每亩播种量应控制在300g以内，如果土壤黏重、整地质量差、春旱严重的地块，每亩播种量应不少于400～500g。为了控制播种量，使下籽均匀并防治地下害虫，可在种子里混拌炒熟的秕谷子或毒谷，效果较好。

4. 注意的问题

播种量过多，往往超过留苗数的5～6倍，谷子出苗后过密，造成间苗难的问题。间苗稍不及时，就会影响幼苗生长，容易造成苗荒减产。因此，在做好整地保墒和保证播种质量的前提下，要适当控制播种量。

九、播种深度

播种深度对幼苗生长影响很大。因为谷子胚乳中贮藏的营养物质很少，如播种太深，出苗晚，在出苗过程中消耗了大量营养物质，谷苗生长细弱，甚至出不了土，降低出苗率，即使出苗，根茎也要伸得很长，延长出苗时间，增加病菌侵染机会。

播种深度适宜，能使幼苗出土早，消耗养分少，有利于形成壮苗。因谷子籽粒小，原则上以浅播较好，深度一般在3～5cm，播后覆土2～3cm。在土壤水分多的地块，还可以适当浅一些。但在春风大、旱情严重的地方，播种太浅，种子容易被风刮跑或种子处在干土层中不能吸水萌发，就有缺苗断垄，甚至有毁地重播的危险。如天气干旱，干土层太厚，覆土也不可过深，而应采取抗旱播种。

十、播后镇压

1. 人工播种

谷子籽粒小，播种浅，春季干旱多风，蒸发量大，播种层易出现水分不足。如果整地质量不好，土中有坷垃空隙，谷粒不能与土壤紧密接触，种子难以吸水发芽。为了促进种子快吸水，早发芽，深扎根，出苗整

齐，播种后镇压是一项重要的保苗措施。除土壤湿度较大，播后暂时不需要镇压外，一般应随种随镇压。播种到出苗要根据土壤墒情镇压1～2次，有保墒提墒效果。

2. 机械播种

覆膜、铺管、播种、撒肥、镇压一次性就可以了。

十一、施　肥

在谷子施肥方面，种肥是一项重要的增产措施。

1. 人工播种

一般随播种亩施磷酸二铵10kg、硫酸钾5kg、谷子专用缓控肥35kg作为种肥和基肥，或亩施磷酸二铵15kg、硫酸钾5kg作为种肥、每亩追氮肥（尿素）15～20kg。氮肥相对含量高时可使谷苗早生快发，满足谷子生育前期对养分的需要。但是应用氮肥作种肥如施用不当，往往有“烧种”现象，播种时必须十分注意，作种肥施氮肥量不能过多，尽力做到种肥隔离。

2. 机械化播种

亩施磷酸二铵15kg，硫酸钾5kg，谷子专用缓控肥35kg，或亩施磷酸二铵15kg、缓控肥40kg。必须做到种肥隔离。

十二、喷施除草剂

1. 人工播种

化学药剂除草，可使除草功效大为提高。谷地化学除草以2，4-D丁酯应用较普遍，除草效果好，用药量和喷药时期得当，杀草效果可达90%以上，主要是杀灭双子叶杂草。在草荒严重的谷地，全面喷药1次，在谷子4～5叶期，每亩用72%含量的2，4-D丁酯30～40g对水15～20kg喷洒。如草荒不严重，仅于苗眼内喷药，每亩用药量20g左右，对水10kg喷洒，就可以收到防治的效果。谷子在5叶期前抗药力差，因此为了避免药害，提高药效，要测准喷药面积，用药量合适，喷洒均匀，不重不漏。喷药时气温以在20℃以上效果最好。

谷莠草是谷子的伴生杂草。由于苗期与谷子形态相似，不易识别，很难拔除，留苗时容易留错。用选择性杀草剂扑灭津防除谷莠草有很好效果。用50%可湿性粉剂的扑灭津每亩300～350g，对水50kg，在播种后出苗前喷雾处理土壤，杀灭谷莠草效果可达80%以上。

2. 机械播种

化学药剂除草按说明书用量，减半使用，防止发生药害。

十三、覆　膜

薄膜选用0.01mm厚度，幅宽80～90cm的地膜。二坡地水浇地覆膜种植张杂谷5号，亩保苗1.2万～1.5万株；燕谷18，亩保苗3万～3.5万株，无水源地块不能种植张杂谷系列，应尽量选用燕谷18、山西红谷子、大金苗等中早熟品种，亩保苗3万～3.6万株。

十四、铺　管

选用谷子专用滴灌管，两滴片之间18～20cm为宜。

铺管

十五、浇　水

播种结束后，在土壤水分不足的情况下即可进行浇水，水量要适宜，不可过大，也不可过小。

第六节 合理密植

合理密植是谷子增产的关键性措施之一。谷子产量的高低，决定于单位面积的穗数、每穗粒数和粒重3个因素的乘积。在这三者关系中，单位面积的穗数，主要是反映了群体的密植幅度，每穗粒数与粒重的乘积为每穗粒重，反映了群体内个体生长发育状况。

合理密植

一般在稀植情况下，单株营养面积大，植株得到充分的发育，因此单株穗大，每穗粒数多和粒重大，单株

产量高。但是，单位面积由于个体数量少，没有充分利用光能、营养和水分，群体产量仍然不高，单位面积穗数不足，成为影响产量的主要矛盾。而密度过大，虽然穗数增多，但单株瘦小，每穗粒数减少，穗粒重降低，甚至引起倒伏，也不能高产。

谷子合理密植与品种特性、气候条件、土壤肥力、播种早晚和留苗方式等因素有关。

一般晚熟品种生长期长，茎叶繁茂，需要较大的个体营养面积，留苗密度应适当稀些；中早熟品种，生长期短，植株较矮，个体需要营养面积较小，留苗密度应大些。春谷品种留苗密度低于夏谷品种。

谷子留苗密度除与品种特性有关外，栽培条件对留苗密度也有较大影响。在土壤肥力较高、水肥充足的条件下，留苗密度应加大；干旱、瘦地，留苗密度应减小。播幅加宽，留苗密度应加大；播幅窄，留苗密度应减小。由于播幅加宽，单位面积容纳株数增多，群体内个体间的矛盾小，穗多粒重，因此产量提高。

在一般栽培条件下，应根据本地区的气候特点及自然资源条件，来确定合理的种植密度。如辽宁西部干旱地区，在中上等肥力条件下，采用中晚熟品种，山坡地每亩2.5万～3万株，平肥地3.5万～4万株；高产地块每亩保苗可达4.5万～5万株。

第七节　田间管理

一、苗期管理

谷子从出苗到拔节前为苗期阶段。苗期管理的中心任务是在保证全苗的基础上促进根系发育，培育壮苗，为谷子高产打下基础。壮苗的长相是根系发育好，幼苗短粗苗壮，苗色深绿，全田一致。

苗期

1. 保全苗

“见苗一半收”，所以要采取各种措施保全苗。主

要措施有以下几种。

（1）秋冬深耕蓄墒，冬春耙耱保墒，播前镇压提墒（三墒整地），搞好秋雨春用，满足谷子发芽出苗对水分的要求，以保全苗。

（2）秋冬未蓄墒，春季干旱无雨，出苗困难，采取抗旱播种技术，争取全苗。

（3）防“卷死”“悬死”“烧尖”“灌耳”。出苗前土壤干旱镇压，可增加耕层土壤含水量，有利于种子萌发和出土。出苗后镇压，可以破碎坷垃，使土壤紧实，防止“悬苗”。由于镇压提高表层土壤含水量，使土温上升慢，可以防“烧尖”。低洼地防止小苗“灌耳”“游心”，做好排水准备。

（4）查苗补苗，出苗后发现缺苗断垄时，可用催过芽的种子进行补种。来不及补种或补种后仍有缺苗时，可结合间苗进行移栽补苗。移栽谷苗以发出白色新根易于成活。为促使谷苗发出新根，可将间下的谷苗捆束，将根在水中浸一夜发出新根，移栽成活率很高。移栽时在需补苗的地方开浅沟，浇满水，将谷苗浅插湿泥中，再撒上一层细土，以防板结。据试验，移栽谷苗以5叶期最易成活。此外，还可通过中耕用土稳苗防止风害伤苗；早疏苗晚定苗，播前防治地下害虫，及时防治苗期虫害，减少幼苗损伤，保全苗。

2. 压青蹲苗

压青苗是控上、促下，促进幼苗根系健壮发达、增强吸水吸肥能力，抗旱蹲苗的一项措施。一般在谷苗两叶一心时进行1～2次压青蹲苗。压青时间应选择在11—16时。垄上播种田，可用木磙镇压；垄沟播种，可用鸭蛋石磙镇压或用人工踩青。

3. 间苗和定苗

因采取机械化播种，几乎不用间苗。如果播种密度过大，也需要适当间苗。

4. 中耕除草

谷子幼苗生长缓慢，易受杂草为害，应及时中耕除草。中耕应掌握浅锄、细锄，破碎土块，围正幼苗技术，做到除草务净，深浅一致，防止伤苗压苗。谷子生育期间中耕除草应在3次以上，可结合化学药剂除草。

5. 及时防治虫害

谷子定苗后，易受病虫为害。6月中上旬，注意防治粟灰螟（又叫钻心虫）、粟茎跳甲、粟叶甲、玉米螟等害虫。

二、拔节至抽穗期管理

谷子拔节至抽穗期是谷子一生中生长最旺盛的时期，营养生长和生殖生长并进。田间管理的主攻方向是攻壮株，协调生长，攻穗增花。拔节期的丰产长相是秆扁圆、叶宽挺、色黑绿、生长整齐。抽穗期的丰产长相是秆圆粗敦实、叶大、色黑绿、顶叶宽厚、抽穗整齐。

拔节至抽穗期

1. 细清垄

谷子拔节后生长发育加快，当谷子长到30cm高时，正是谷子3～4层根生长的时候，此时随着温度的升高及水分的增加，各种杂草也旺盛生长。为了减少养分、水分的无益消耗，为谷子生育创造一个良好环境，实现壮株目标，在谷子追肥前要认真进行一次清垄，彻底拔除田间杂草，弱、病、虫苗等，使谷苗生长整齐，苗脚清爽，田间通风透光。

2. 适时追肥

谷子拔节以前需肥较少，拔节后茎叶生长繁茂，植株进入旺盛生长期，幼穗开始分化，这一时期需肥量最多。据吉林农业大学测定，拔节至抽穗阶段吸收氮量占全生育期需要量的66.2%，同期干物质的积累量占总量的58.0%。因此，只有植株吸收充足的矿质营养，才能使茎叶生长繁茂，产生足够的光合产物，为穗大粒多创造条件。

拔节至抽穗期

追肥时间的早晚对植株生育影响很大。在拔节前追肥，虽对营养体生长发育有良好的促进作用，但难以满足结实器官后期生长发育对营养物质的需要，影响幼穗的分化，后期还容易引起脱肥，造成叶黄、穗直、早衰的长相，不能达到经济有效的施肥目的。如在抽穗期以后追肥，对植株营养体发展的效应很小，因为植株营养体生长已定型，追肥只对促进植株后期生长发育有好处，只有减少秕谷、提高成粒数、增加粒重的效果。如果施用不当，还会引起贪青晚熟。生产实践证明，从拔节后穗分化开始，直到小穗分化的孕穗期都是追肥的适期。在中等肥力土壤上，如果种肥数量不足，追肥首先要保证壮株，进而促进幼穗分化。在无霜期短的地区，追肥还要防止贪青晚熟。追肥时期应适当提前，拔节后多施，孕穗期少施，这样既促进前期生长，又保证后期灌浆的养分需要。

东北地区大多数是结合中耕二三遍时追肥，在生产上以追施一次为普遍，一般每亩追氮肥（尿素）15～20kg。但试验表明，拔节至孕穗期两次追肥增产效果更好。第一次在拔节期，第二次在旗叶出现后开花前追施。第二次追肥用量以占追肥总量的1/3为宜。

拔节至抽穗期

3. 灌溉

拔节到抽穗，土壤水分应不低于田间持水量的65%～75%。在谷子孕穗期到抽穗期，若遇干旱条件要及时浇丰产水。旱地谷通过适期播种赶雨季，满足谷子对水分的要求，水地谷除了利用自然降雨外，根据谷子需水规律，对土壤水分进行适当调节，以利谷子生长。谷子拔节后，进入营养生长和生殖生长阶段，生长旺盛，对水分要求迅速增加，需水量多，如缺水，造成“胎里旱”。所以拔节期浇一次大水，既促进茎叶生长，又促进幼穗分化，植株强壮，穗大粒多。孕穗抽穗阶段，出叶速度快，节间伸长迅速，幼穗发育正处于小穗原基分化到花粉母细胞四分体形成时期，对水分要求极为迫切，为谷子需水临界期，如遇干旱造成“卡脖旱”，穗抽不出来，出现大量空壳、秕籽，对产量影响

极大。因此抽穗前即使不干旱也要及时浇水，达到“拖泥秀谷穗”。

三、开花至成熟期管理

开花成熟期的高产谷子长相是苗脚清爽、叶色黑绿、植株整齐，成熟时呈现绿叶黄谷穗。田间管理的主攻方向是攻好粒，重点是防止叶片早衰，促进光合产物向穗部籽粒转运和积累，减少秕粒，提高千粒重，保证及时成熟。

1. 防旱、排涝

在干旱高温的条件下，水分不足就会影响谷子的开花授粉，空壳增多。缺水时要轻灌，使地面保持湿润即可。在平地、洼地，大雨过后一定注意排出积水，并进行浅中耕松土，改善土壤通气条件，有利于根系呼吸，促进灌浆成熟。

2. 防倒伏

谷子进入灌浆期穗部逐渐加重，如根系发育不良，下雨后土壤松软，刮风，易导致根部倒伏。“谷倒一把糠”，严重的可减产50%以上。如发生严重倒伏，应及时扶起，将7～8株捆在一起，每株顶部露出3～4片叶，将根部培土，防止再倒。

第八节　及时收获

及时收获是丰产丰收的重要环节。收割早了，会因籽粒不饱满而减产，“谷子伤镰一把糠”。收割过晚，因风磨而落粒也会造成减产。如遇到连雨天，谷粒还会在穗上发芽，不仅影响产量，还会影响质量。当穗子背面没有青粒、好粒变硬时应及时收获。

一般在蜡熟末期或完熟期进行收获。此时谷子下部叶片变黄，上部叶片稍带绿色或呈黄绿色，谷粒已变为坚硬状，颖及稃全部变黄，种子含水量约20%。

W70切流式滚筒联合收割机

机械化收获

第五章 病虫害防治

谷子主要病害有谷子锈病、谷瘟病、白发病、黑穗病、纹枯病等；主要虫害有地下害虫（蝼蛄、蛴螬）、粟叶甲、粟灰螟、粟芒蝇、黏虫、双斑长跗萤叶甲、粟缘蝽等。

第一节 谷子主要病害识别、为害特点及防治

一、锈 病

1. 症状识别

谷子锈病主要为害叶片和叶鞘。叶片上形成圆形黄褐色隆起的小孢斑，以后破裂散出红褐色粉末。后期在叶背和叶鞘上形成圆形或椭圆形的黑色小点，内有黑粉。

2. 发病特点

谷子锈病是一种真菌性病害。病菌以冬孢子和夏孢子越冬和越夏。生长季节病部形成的夏孢子可借风、气流传播，引起多次再侵染。夏季高温多雨发病重，密度过大、偏氮徒长也有利于发病。

3. 防治技术

（1）选用抗病品种。如朝谷14号，朝谷15号；收获后及时清除病残体；密度适中，勿偏施氮肥。

（2）药剂防治。发病初期每亩可用25%粉锈宁可湿性粉剂800倍液进行喷雾，7～10d后再防治1次。

谷子锈病症状

二、谷瘟病

1. 症状识别

从谷子幼苗期开始，在叶片或叶鞘上形成褐色小点，然后形成边缘褐色、中心白色的眼状斑，称为叶瘟；在成株期的茎节、穗颈、穗小梗或小穗上形成褐色病斑，导致谷穗或小码枯死，被称为穗瘟。其中，以穗瘟造成的产量损失最大。

2. 发病特点

谷瘟病为真菌性病害，病菌以菌丝体和分生孢子在病残体、种子、病杂草上越冬。翌年春季，田间发病，病斑上形成的分生孢子可随风雨、气流传播。温度25℃左右，相对湿度80%以上，阴雨条件，易于发病。

谷子谷瘟病症状

3. 防治技术

（1）选用抗病品种。如朝谷15号、燕谷18号、张杂谷系列等。

（2）农业防治。均衡施用氮磷钾和微量元素，防止偏施氮肥，实行宽行种植，及时清除病残体和田间杂草，并深翻种植，减少菌量。

（3）药剂防治。种子处理，播种前用0.3%的40%拌种双拌种可消除种子带菌。田间初见病斑时喷洒80%大生可湿性粉剂800倍液或6%春雷霉素可湿性粉剂1 000倍液等药剂。

三、白发病

1. 症状识别

白发病为系统性侵染病害，谷子在萌发至出土前最易被侵染，分别形成死芽、死苗、灰背、白发和刺猬头等。

2. 发病特点

白发病是系统性侵染的真菌病害，病菌以卵孢子在土壤、粪肥和种子上越冬，翌年春季谷种发芽而未出土前，土中的卵孢子萌发进入幼芽，随植株的生长而在体内系统扩展。

3. 防治技术

（1）选用抗病品种。如朝谷12、朝谷13、朝谷15号、燕谷18、朝谷58等。

（2）种子处理。用药剂拌种是防病的关键，可使种苗不受侵染。可用35%甲霜灵可湿性粉剂以种子重量的0.2%～0.3%拌种、25%普力克水剂以种子重量的0.3%拌种。

（3）农业防治，轮作倒茬，及时清理病残体，并带出田外烧毁或深埋，施用充分腐熟的粪肥等。

死苗

灰背

白发

刺猬头

谷子白发病症状

四、黑穗病（粒黑穗病）

1. 症状识别

谷子黑穗病为系统性侵染病害，穗部表现症状，穗短小，常直立，早期为灰黑色，表皮已破，露出黑色粉末，多数全穗发病，有的病穗有部分健康籽粒。也有品种发病植株出现矮化现象，叶片浓绿，节间缩短，穗不能抽出——成为绿矮。以冬孢子在土壤中或附着在种子表面越冬，在种子萌发时通过芽鞘侵入为害。

谷子黑穗病症状

2. 发病特点

谷子黑穗病是一种真菌性病害，病原为粟黑粉菌。病菌以厚垣孢子在种子和土壤中越冬。翌年春季病菌厚垣孢子萌发从幼苗的胚芽鞘侵入并扩展到生长点，随植株生长而扩展，最后在穗部表现症状。

3. 防治技术

（1）选用抗病品种。如朝谷15、燕谷18、张杂谷系列等。

（2）种子处理。药剂处理是防治此病的关键，用40%拌种双以种子重量的0.3%药剂拌种。

（3）农业防治。在栽培上，施用充分腐熟的有机肥。实行轮作倒茬，收获时及时清除病残体。

五、纹枯病

1. 症状识别

谷子纹枯病主要侵染叶鞘，形成云纹状病斑，逐渐向上扩展，后期形成白色、逐渐变为灰褐色的菌核，土壤中的菌核和病残体是主要侵染源。也可以侵染叶片，严重的可侵染茎，造成倒伏或形成白穗。

谷子纹枯病症状

2. 发病特点

病菌以菌核和菌丝在土壤中越冬，成为翌年的初侵染源。该病属于栽培调控的病害，为害程度与种植密度、水肥管理和天气关系非常密切，种植密度大，营养期水肥大，拔节到抽穗期潮湿多雨易发病。

3. 防治技术

（1）农业防治。配方施肥，加强田间管理，收获后及时秋翻，处理残株残体，实行3年以上轮作。

（2）药剂拌种。用2.5%适乐时悬浮剂按种子量的0.1%拌种。

（3）药剂防治。病株率达到5%时，用12.5%禾果利可湿性粉剂400倍液，每亩用药液30kg，在谷子茎基部喷雾防治1次，7～10d后酌情补防1次。

六、病毒病

主要有红叶病和粗缩病两种，病害发生程度和苗期田间蚜虫及灰飞虱的带毒虫口密度有关，田间或周围杂草多易感病。

红叶病：蚜虫传毒。紫色苗的品种叶片变红，绿色苗的品种叶片变黄，病穗短小，重量轻，不结实或种子发芽率低，向阳面的颖片也变红。严重的不能抽穗。

粗缩病：由灰飞虱传播。出苗即可感染，病株叶片浓绿，节间缩短，植株矮化常不及健株高度的一半。重病株不能抽出雄穗或全无花粉，雌穗畸形，不实或籽粒很少。

第二节　谷子主要虫害识别、为害特点及防治

一、地下害虫（蝼蛄、蛴螬）

1. 为害症状

在苗期为害。蝼蛄在土里穿行，咬食刚发芽的种子或切断谷苗基部造成枯死苗，被害处为乱麻状；蛴螬主要为害谷苗地下根茎，造成死苗；这些害虫严重发生可造成缺苗断垄。

蝼蛄

2. 农业防治

一是深翻土壤，精耕细作，破坏害虫滋生的环境；二是调整茬口，合理轮作，减轻其为害；三是合理施肥，猪粪厩肥等农家有机肥，必须经充分腐熟后方可施用，可减轻为害；四是早春铲除地头、地边的杂草，并带到田外及时处理或沤肥，能消灭一部分卵和幼虫。

3. 药剂防治

一是拌种，用50%辛硫磷乳油0.5kg，加水20～25kg，拌种子250～300kg，均匀喷洒，摊开晾干后即可播种。二是毒土，用48%乐斯本防治地下害虫，每亩用150mL拌细沙土15～20kg。还可以用75%辛硫磷或20%除虫菊酯等乳剂，分别以1：300与1：2 000的比例拌成毒土，每亩20～25kg撒于垄台苗眼附近。三是毒饵诱杀蝼蛄，用90%晶体敌百虫30倍液，拌炒香的玉米面，加青菜叶，于傍晚撒于植株周围土上。

二、粟叶甲

幼虫舔食心叶叶肉，叶面呈现宽白条状食痕，严重为害造成叶面枯死。成虫沿叶脉啃食叶肉，只留下表皮，成断续白条状，较粟跳甲成虫为害时间较长。

粟叶甲幼虫为害

粟叶甲成虫为害

1. 药剂拌种

用50%辛硫磷乳油按种子重量的0.2%拌种。

2. 药剂防治

在成虫、幼虫为害期（谷子3～4叶期），喷洒21%灭杀毙乳油3 000倍液、2.5%溴氰菊酯乳油2 500倍液、4.5%高效氯氰菊酯乳油2 000倍液。

三、粟鳞斑叶甲

谷子刚萌发出土时，以成虫为害谷苗生长点，使幼苗未出土即死亡。谷苗出土后，为害幼苗基部，造成死苗，俗称“土截”。轻则造成缺苗断垄，重则造成毁种。防治方法用70%吡虫啉可湿性粉剂按种子重量0.2%拌种。对发生严重的地块出苗后喷10%吡虫啉可湿性粉剂1 000倍液。

粟鳞斑叶甲

四、粟灰螟

以幼虫蛀食谷子茎秆，苗期受害形成枯心苗，穗期钻蛀造成倒伏或白穗。第一代6—7月为害，7—8月进入第二代幼虫为害期。

1. 农业防治

结合秋耕耙地，拾烧谷茬，并集中烧毁，减少越冬虫源。及时拔除枯心苗，减少扩散为害。

2. 化学防治

适时防治，当谷田发现茎秆苗有卵2～5块时，应立即防治。可用农药2.5%溴氰菊酯乳油2 000倍液，或21%灭杀毙2 000倍液喷洒。

粟灰螟

五、粟芒蝇

苗期到抽穗期均可为害，以幼虫破坏植株生长点，

造成枯心苗、畸形穗、白穗等症状。春谷区一年发生两代，以7月的二代为害为主，发生严重年份可导致毁种。

粟芒蝇

1. 农业防治

适时早播，促进壮苗；生长期铲除狗尾草，及时拔除枯心苗并集中处理。

2. 诱杀成虫

利用腐鱼作诱饵诱杀成虫。

3. 药剂防治

喷洒4.5%高效率氰菊酯2 000倍液，重点喷茎秆部。

六、黏　虫

以幼虫咬食植株叶片为害，大发生年份可将叶片除叶脉外啃食干净，造成绝产。春谷区主要以6月下旬至7月上旬的二代为害为主。

黏虫

1. 农业防治

草把诱杀：在成虫盛发期可用谷草把，引诱成虫栖息和产卵的方法进行防治，每把20根谷草，长50cm，把距10m，早晨用手拍打草把，将掉下的成虫杀死，3～4d换1次草把，连续更换2次，并把更换的草把烧毁。

2. 药剂防治

可用90%敌百虫晶体800倍液喷雾，20%氰戊菊酯乳油2 500倍液喷雾，每亩用药液30～40kg喷雾。另外对于黏虫幼虫的防治要掌握在3龄以下用药。

七、双斑长跗萤叶甲

主要在穗期为害，抽穗前啃食叶肉，留下表皮，对产量影响不大。谷子抽穗后，集中穗部为害，啃食籽粒。

防治药剂：可在成虫盛发期用4.5%高效氯氰菊酯乳油2 000倍液、20%吡虫啉乳油1 000倍液或20%氰戊菊酯乳油1 500倍液全田喷雾。由于该虫的迁飞性、杂食性，需要联防联治，效果较好。

八、粟缘蝽

主要在穗期为害，谷子抽穗后，集中穗部为害，啃食籽粒，形成秕谷，造成产量损失。

1. 品种选择

选用早熟、小穗排列较紧密的品种，可减轻为害。

2. 药剂防治

谷子灌浆初期，喷洒4.5%高效绿氰菊酯2 000倍液，重点向穗部喷药。

主要参考文献

王艳茹. 2016. 小杂粮生产技术[M]. 石家庄：河北科学技术出版社.

张志学，田国军. 2010. 辽西现代农业新技术[M]. 北京：中国农业科学技术出版社.